5급 암산 급수

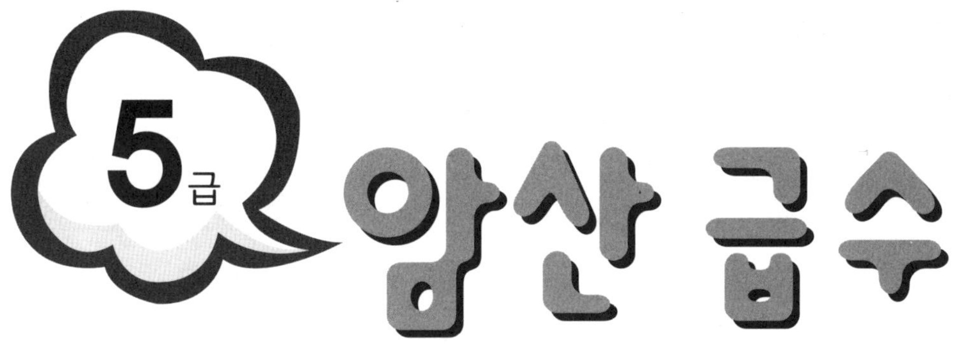

대한암산수학연구소

걸린시간 : _____ 분 _____ 초

1	2	3	4	5
87	9	4	87	9
28	57	46	43	37
−3	−4	35	8	89
49	65	−1	−4	−2
−6	16	50	−7	71
8	−7	−8	62	−9

6	7	8	9	10
2	41	38	3	6
97	34	64	46	−3
28	−1	−7	86	71
−3	86	41	−3	−7
50	4	−2	52	81
−6	−8	9	−9	59

점수 | 확인

제1회 승암산 · **2교시** · 제한시간 : 3분

걸린시간 : _____ 분 _____ 초

1	54 × 3 =
2	76 × 7 =
3	65 × 5 =
4	32 × 2 =
5	73 × 6 =
6	43 × 8 =
7	21 × 7 =
8	87 × 3 =
9	65 × 1 =
10	48 × 4 =
11	9 × 62 =
12	6 × 42 =
13	2 × 63 =
14	9 × 84 =
15	6 × 51 =
16	5 × 36 =
17	8 × 58 =
18	9 × 47 =
19	4 × 14 =
20	2 × 54 =

점수 ___   확인 ___

걸린시간 : _____ 분 _____ 초

1	14 ÷ 2 =
2	18 ÷ 3 =
3	30 ÷ 5 =
4	45 ÷ 9 =
5	24 ÷ 8 =
6	16 ÷ 4 =
7	24 ÷ 6 =
8	14 ÷ 7 =
9	18 ÷ 9 =
10	64 ÷ 8 =
11	94 ÷ 2 =
12	48 ÷ 4 =
13	72 ÷ 2 =
14	42 ÷ 3 =
15	60 ÷ 5 =
16	77 ÷ 7 =
17	96 ÷ 4 =
18	69 ÷ 3 =
19	78 ÷ 6 =
20	96 ÷ 8 =

점수 / 확인

5급

걸린시간 : _____ 분 _____ 초

1	2	3	4	5
32	29	4	6	73
94	76	59	−2	39
−3	−1	74	65	−6
71	98	−4	47	69
−8	−6	−7	38	2
5	9	89	−9	−3

6	7	8	9	10
48	9	5	56	6
37	47	−1	9	27
93	−2	57	−3	43
−4	28	63	72	−4
−9	71	−6	−7	89
6	−8	85	13	−6

점수　　　확인

걸린시간 : _____ 분 _____ 초

1	33 × 2 =
2	51 × 8 =
3	95 × 6 =
4	28 × 3 =
5	62 × 7 =
6	92 × 4 =
7	43 × 2 =
8	69 × 1 =
9	25 × 9 =
10	61 × 8 =
11	5 × 93 =
12	3 × 67 =
13	4 × 48 =
14	9 × 54 =
15	6 × 32 =
16	7 × 69 =
17	5 × 91 =
18	9 × 47 =
19	3 × 84 =
20	6 × 58 =

점수 |

확인 |

제2회 제암산	3교시	제한시간 : 3분

걸린시간 : _____ 분 _____ 초

1	40 ÷ 8 =
2	10 ÷ 2 =
3	54 ÷ 6 =
4	81 ÷ 9 =
5	42 ÷ 7 =
6	42 ÷ 6 =
7	24 ÷ 4 =
8	21 ÷ 3 =
9	15 ÷ 5 =
10	32 ÷ 4 =
11	99 ÷ 9 =
12	84 ÷ 4 =
13	46 ÷ 2 =
14	80 ÷ 8 =
15	55 ÷ 5 =
16	98 ÷ 7 =
17	66 ÷ 3 =
18	96 ÷ 8 =
19	66 ÷ 6 =
20	86 ÷ 2 =

점수		확인	

걸린시간 : _____ 분 _____ 초

1	2	3	4	5
34	5	48	93	7
47	−2	67	56	48
86	48	−2	45	−1
−3	39	79	−8	32
8	93	−6	9	75
−7	−9	5	−4	−6

6	7	8	9	10
6	37	54	5	34
57	49	−7	89	46
43	−2	35	−8	57
−4	−9	29	49	−3
69	75	4	−1	9
−6	6	−3	35	−8

점수 　확인

걸린시간 : _____ 분 _____ 초

1	73 × 9 =
2	24 × 2 =
3	32 × 7 =
4	17 × 4 =
5	56 × 5 =
6	47 × 4 =
7	58 × 2 =
8	26 × 8 =
9	89 × 3 =
10	34 × 7 =
11	2 × 67 =
12	8 × 61 =
13	3 × 83 =
14	7 × 45 =
15	6 × 75 =
16	5 × 29 =
17	4 × 56 =
18	6 × 12 =
19	9 × 71 =
20	1 × 43 =

점수

확인

걸린시간 : ______ 분 ______ 초

1	$40 \div 5 =$	
2	$36 \div 9 =$	
3	$63 \div 7 =$	
4	$18 \div 6 =$	
5	$16 \div 2 =$	
6	$27 \div 3 =$	
7	$48 \div 8 =$	
8	$18 \div 2 =$	
9	$12 \div 4 =$	
10	$54 \div 9 =$	
11	$24 \div 2 =$	
12	$80 \div 5 =$	
13	$68 \div 2 =$	
14	$75 \div 3 =$	
15	$60 \div 4 =$	
16	$84 \div 6 =$	
17	$99 \div 9 =$	
18	$48 \div 3 =$	
19	$84 \div 7 =$	
20	$80 \div 8 =$	

점수　　　확인

제4회 가감암산 **1교시** 제한시간 : 3분

걸린시간 : _____ 분 _____ 초

1	2	3	4	5
6	42	65	6	1
37	53	-2	59	56
-8	9	9	-4	-3
82	97	42	38	28
-3	-6	-7	45	-6
49	-1	25	-9	79

6	7	8	9	10
23	8	96	9	5
58	39	-2	37	39
7	-4	58	89	-8
95	48	49	-1	41
-8	63	-6	58	-4
-2	-9	8	-7	93

점수 □ 확인 □

걸린시간 : _____ 분 _____ 초

1	$17 \times 3 =$
2	$51 \times 2 =$
3	$39 \times 7 =$
4	$48 \times 4 =$
5	$73 \times 6 =$
6	$28 \times 7 =$
7	$95 \times 1 =$
8	$84 \times 4 =$
9	$62 \times 8 =$
10	$57 \times 9 =$
11	$5 \times 63 =$
12	$9 \times 86 =$
13	$4 \times 43 =$
14	$3 \times 59 =$
15	$8 \times 32 =$
16	$2 \times 74 =$
17	$5 \times 95 =$
18	$7 \times 46 =$
19	$3 \times 25 =$
20	$6 \times 87 =$

점수　　　확인

제4회 제암산 **3교시** 제한시간 : 3분

걸린시간 : _____ 분 _____ 초

1	$12 \div 2 =$	
2	$56 \div 8 =$	
3	$36 \div 6 =$	
4	$63 \div 9 =$	
5	$12 \div 3 =$	
6	$21 \div 7 =$	
7	$25 \div 5 =$	
8	$20 \div 4 =$	
9	$24 \div 3 =$	
10	$45 \div 5 =$	
11	$26 \div 2 =$	
12	$48 \div 4 =$	
13	$70 \div 7 =$	
14	$85 \div 5 =$	
15	$84 \div 3 =$	
16	$90 \div 9 =$	
17	$78 \div 6 =$	
18	$51 \div 3 =$	
19	$96 \div 8 =$	
20	$99 \div 9 =$	

점수　　　　확인

걸린시간 : _____ 분 _____ 초

1	2	3	4	5
8	41	35	4	63
37	93	−2	57	54
28	−9	49	94	28
−7	56	−6	−1	−4
59	4	78	−8	3
−1	−3	3	56	−9

6	7	8	9	10
52	7	36	5	28
49	95	45	−1	69
−6	34	4	68	−3
38	−4	−2	−7	42
2	−7	71	46	5
−3	48	−8	94	−6

점수 　　　 확인

걸린시간 : _____ 분 _____ 초

1	$62 \times 6 =$	
2	$76 \times 2 =$	
3	$44 \times 4 =$	
4	$39 \times 3 =$	
5	$95 \times 5 =$	
6	$29 \times 9 =$	
7	$56 \times 2 =$	
8	$43 \times 5 =$	
9	$71 \times 7 =$	
10	$18 \times 8 =$	
11	$2 \times 48 =$	
12	$7 \times 63 =$	
13	$1 \times 26 =$	
14	$6 \times 74 =$	
15	$9 \times 92 =$	
16	$4 \times 67 =$	
17	$8 \times 26 =$	
18	$5 \times 32 =$	
19	$6 \times 49 =$	
20	$3 \times 54 =$	

점수   확인

걸린시간 : _____ 분 _____ 초

1	28 ÷ 4 =
2	15 ÷ 3 =
3	27 ÷ 9 =
4	10 ÷ 2 =
5	72 ÷ 8 =
6	28 ÷ 7 =
7	20 ÷ 5 =
8	30 ÷ 6 =
9	10 ÷ 5 =
10	48 ÷ 6 =
11	36 ÷ 2 =
12	48 ÷ 4 =
13	55 ÷ 5 =
14	60 ÷ 6 =
15	36 ÷ 3 =
16	98 ÷ 7 =
17	88 ÷ 8 =
18	90 ÷ 9 =
19	60 ÷ 4 =
20	33 ÷ 3 =

점수		확인	

제6회 가감암산 1교시

제한시간 : 3분

5급

걸린시간 : _____ 분 _____ 초

1	2	3	4	5
26	31	6	5	49
4	63	-2	49	7
97	-9	37	97	18
-3	45	48	-6	-7
58	8	75	20	-3
-7	-4	-8	-1	65

6	7	8	9	10
2	47	8	35	26
59	8	63	-2	69
-6	-1	84	58	9
38	-9	-2	-6	-8
72	38	51	76	49
-4	94	-8	4	-4

점수 　　　　확인

걸린시간 : _____ 분 _____ 초

1	67 × 9 =	
2	23 × 4 =	
3	85 × 2 =	
4	44 × 7 =	
5	39 × 6 =	
6	91 × 1 =	
7	15 × 8 =	
8	56 × 3 =	
9	74 × 4 =	
10	62 × 5 =	
11	7 × 45 =	
12	2 × 28 =	
13	4 × 84 =	
14	5 × 73 =	
15	6 × 32 =	
16	8 × 69 =	
17	2 × 11 =	
18	3 × 97 =	
19	5 × 56 =	
20	9 × 48 =	

점수

확인

걸린시간 : _____ 분 _____ 초

1	49 ÷ 7 =	
2	36 ÷ 4 =	
3	12 ÷ 2 =	
4	54 ÷ 9 =	
5	16 ÷ 8 =	
6	35 ÷ 5 =	
7	18 ÷ 3 =	
8	12 ÷ 6 =	
9	72 ÷ 9 =	
10	32 ÷ 8 =	
11	28 ÷ 2 =	
12	70 ÷ 5 =	
13	64 ÷ 4 =	
14	57 ÷ 3 =	
15	96 ÷ 8 =	
16	90 ÷ 6 =	
17	96 ÷ 4 =	
18	63 ÷ 3 =	
19	77 ÷ 7 =	
20	90 ÷ 9 =	

점수　　　확인

걸린시간 : _____ 분 _____ 초

1	2	3	4	5
32	9	4	66	3
29	64	59	−2	71
−6	53	−8	27	63
82	−4	97	43	−4
−3	−7	53	−9	31
8	75	−1	6	−6

6	7	8	9	10
78	51	5	6	82
89	36	−2	35	42
25	−3	49	54	−9
−7	45	62	−3	21
−1	4	−9	62	−4
3	−8	97	−8	3

점수

확인

걸린시간 : _____ 분 _____ 초

1	37 × 5 =
2	62 × 1 =
3	21 × 9 =
4	48 × 3 =
5	84 × 4 =
6	13 × 7 =
7	99 × 6 =
8	76 × 8 =
9	53 × 2 =
10	25 × 0 =
11	6 × 37 =
12	4 × 85 =
13	3 × 46 =
14	7 × 93 =
15	5 × 52 =
16	9 × 78 =
17	4 × 14 =
18	6 × 69 =
19	8 × 26 =
20	2 × 95 =

점수 | 확인

걸린시간 : _____ 분 _____ 초

1	$27 \div 3 =$
2	$18 \div 9 =$
3	$30 \div 5 =$
4	$18 \div 2 =$
5	$30 \div 6 =$
6	$45 \div 9 =$
7	$56 \div 7 =$
8	$24 \div 8 =$
9	$12 \div 4 =$
10	$64 \div 8 =$
11	$68 \div 4 =$
12	$36 \div 2 =$
13	$65 \div 5 =$
14	$80 \div 8 =$
15	$42 \div 2 =$
16	$48 \div 3 =$
17	$60 \div 6 =$
18	$84 \div 7 =$
19	$99 \div 9 =$
20	$39 \div 3 =$

점수		확인	

제8회 가감암산 1교시　　제한시간 : 3분

걸린시간 : _____ 분 _____ 초

1	2	3	4	5
4	71	8	53	7
57	98	59	-6	56
25	7	-3	28	62
-2	42	27	-1	-3
78	-4	73	43	42
-7	-9	-8	4	-9

6	7	8	9	10
36	2	37	5	34
58	69	-3	49	67
-7	54	58	-8	4
78	-4	-6	63	-1
-1	43	19	76	89
4	-9	8	-2	-7

점수　　확인

걸린시간 : _____ 분 _____ 초

1	42 × 3 =	
2	34 × 5 =	
3	29 × 9 =	
4	93 × 4 =	
5	57 × 7 =	
6	75 × 6 =	
7	18 × 5 =	
8	86 × 8 =	
9	64 × 1 =	
10	81 × 2 =	
11	4 × 45 =	
12	7 × 82 =	
13	5 × 24 =	
14	3 × 63 =	
15	9 × 51 =	
16	6 × 79 =	
17	8 × 97 =	
18	2 × 16 =	
19	5 × 38 =	
20	3 × 69 =	

점수		확인	

제한시간 : 3분

5급

걸린시간 : _____ 분 _____ 초

1	$63 \div 9 =$	
2	$48 \div 6 =$	
3	$14 \div 2 =$	
4	$49 \div 7 =$	
5	$45 \div 5 =$	
6	$24 \div 3 =$	
7	$72 \div 8 =$	
8	$24 \div 4 =$	
9	$28 \div 7 =$	
10	$48 \div 8 =$	
11	$96 \div 4 =$	
12	$80 \div 5 =$	
13	$82 \div 2 =$	
14	$99 \div 9 =$	
15	$57 \div 3 =$	
16	$96 \div 8 =$	
17	$46 \div 2 =$	
18	$70 \div 7 =$	
19	$60 \div 6 =$	
20	$69 \div 3 =$	

점수

확인

걸린시간 : _____ 분 _____ 초

1	2	3	4	5
7	62	54	6	41
35	29	19	97	−6
−7	98	3	−8	52
72	7	−2	69	39
−3	−4	90	32	−3
48	−6	−9	−2	8

6	7	8	9	10
63	8	67	9	35
−7	57	46	72	49
25	−4	3	14	−9
34	89	−2	−3	62
−1	64	−8	81	−4
8	−9	51	−7	2

점수		확인	

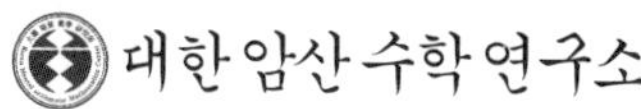

제9회 승암산 **2교시** 제한시간 : 3분

걸린시간 : _____ 분 _____ 초

1	62 × 5 =	
2	44 × 2 =	
3	29 × 4 =	
4	85 × 3 =	
5	93 × 9 =	
6	71 × 7 =	
7	56 × 6 =	
8	17 × 8 =	
9	38 × 1 =	
10	64 × 9 =	
11	5 × 27 =	
12	3 × 82 =	
13	9 × 75 =	
14	4 × 94 =	
15	7 × 49 =	
16	6 × 65 =	
17	4 × 38 =	
18	8 × 53 =	
19	2 × 21 =	
20	3 × 16 =	

점수 | 확인

걸린시간 : _____ 분 _____ 초

1	$18 \div 6 =$	
2	$16 \div 2 =$	
3	$32 \div 8 =$	
4	$15 \div 5 =$	
5	$72 \div 9 =$	
6	$15 \div 3 =$	
7	$42 \div 7 =$	
8	$16 \div 4 =$	
9	$63 \div 7 =$	
10	$36 \div 4 =$	
11	$32 \div 2 =$	
12	$69 \div 3 =$	
13	$90 \div 5 =$	
14	$40 \div 4 =$	
15	$96 \div 8 =$	
16	$72 \div 6 =$	
17	$77 \div 7 =$	
18	$84 \div 2 =$	
19	$99 \div 9 =$	
20	$88 \div 4 =$	

점수

확인

제10회 가감암산 **1교시**   제한시간 : 3분

걸린시간 : _____ 분 _____ 초

1	2	3	4	5
8	51	9	34	6
47	43	35	48	-2
31	-9	98	75	57
-4	26	-6	-4	49
81	4	-3	1	61
-7	-1	69	-8	-6

6	7	8	9	10
82	7	35	5	8
54	46	-1	69	25
-3	93	27	-6	32
20	-2	53	25	-1
1	59	-7	53	89
-9	-8	5	-4	-8

점수   확인

걸린시간 : _____ 분 _____ 초

1	47 × 3 =	
2	13 × 5 =	
3	84 × 4 =	
4	52 × 9 =	
5	38 × 6 =	
6	91 × 1 =	
7	76 × 8 =	
8	69 × 7 =	
9	24 × 5 =	
10	58 × 2 =	
11	7 × 82 =	
12	2 × 47 =	
13	5 × 24 =	
14	8 × 96 =	
15	4 × 65 =	
16	3 × 59 =	
17	9 × 74 =	
18	6 × 13 =	
19	7 × 31 =	
20	5 × 68 =	

점수 □   확인 □

제10회 제암산 | **3교시** | 제한시간 : 3분

5급

걸린시간 : _____ 분 _____ 초

1	$54 \div 6 =$	
2	$10 \div 2 =$	
3	$32 \div 4 =$	
4	$56 \div 7 =$	
5	$36 \div 9 =$	
6	$20 \div 5 =$	
7	$16 \div 8 =$	
8	$24 \div 6 =$	
9	$21 \div 3 =$	
10	$40 \div 5 =$	
11	$20 \div 2 =$	
12	$96 \div 4 =$	
13	$99 \div 9 =$	
14	$84 \div 6 =$	
15	$60 \div 3 =$	
16	$70 \div 5 =$	
17	$68 \div 2 =$	
18	$56 \div 4 =$	
19	$91 \div 7 =$	
20	$80 \div 8 =$	

점수 | 확인

걸린시간 : _____ 분 _____ 초

1	2	3	4	5
26	61	8	5	49
4	94	− 4	37	25
87	− 1	39	63	3
− 3	23	− 6	41	− 4
59	6	52	− 2	91
− 8	− 7	81	− 9	− 7

6	7	8	9	10
72	97	5	83	36
13	63	− 2	52	49
− 1	8	29	− 3	52
59	− 4	− 7	26	− 3
8	− 9	38	5	8
− 6	46	43	− 8	− 6

점수 　　　확인

제11회 승암산 **2교시**   제한시간 : 3분

5급

걸린시간 : _____ 분 _____ 초

1	62 × 6 =
2	74 × 2 =
3	29 × 8 =
4	95 × 7 =
5	17 × 3 =
6	51 × 4 =
7	36 × 9 =
8	45 × 5 =
9	83 × 1 =
10	68 × 8 =
11	3 × 27 =
12	8 × 94 =
13	4 × 45 =
14	9 × 69 =
15	6 × 72 =
16	5 × 53 =
17	7 × 84 =
18	2 × 38 =
19	5 × 16 =
20	3 × 65 =

점수		확인	

걸린시간 : _____ 분 _____ 초

1	12 ÷ 2 =	
2	35 ÷ 7 =	
3	25 ÷ 5 =	
4	20 ÷ 4 =	
5	81 ÷ 9 =	
6	40 ÷ 8 =	
7	36 ÷ 6 =	
8	21 ÷ 7 =	
9	27 ÷ 3 =	
10	10 ÷ 5 =	
11	65 ÷ 5 =	
12	96 ÷ 8 =	
13	62 ÷ 2 =	
14	36 ÷ 3 =	
15	70 ÷ 7 =	
16	72 ÷ 3 =	
17	84 ÷ 6 =	
18	96 ÷ 2 =	
19	48 ÷ 4 =	
20	99 ÷ 9 =	

점수 ☐ 확인 ☐

제12회 가감암산 **1교시**　　　　제한시간 : 3분

걸린시간 : _____ 분 _____ 초

1	2	3	4	5
32	6	74	7	63
24	-2	53	26	24
-3	87	-4	32	-4
61	43	39	-1	49
-9	-8	2	58	-6
6	97	-6	-7	8

6	7	8	9	10
8	41	5	36	82
54	23	-1	79	62
79	-9	67	-2	-9
32	52	93	48	31
-7	-3	-8	3	-4
-2	8	25	-8	3

점수　　　확인

걸린시간 : _____ 분 _____ 초

1	$37 \times 5 =$
2	$83 \times 2 =$
3	$45 \times 9 =$
4	$69 \times 4 =$
5	$94 \times 3 =$
6	$71 \times 7 =$
7	$16 \times 6 =$
8	$58 \times 1 =$
9	$25 \times 8 =$
10	$62 \times 3 =$
11	$9 \times 58 =$
12	$2 \times 32 =$
13	$4 \times 74 =$
14	$8 \times 96 =$
15	$6 \times 47 =$
16	$7 \times 65 =$
17	$3 \times 86 =$
18	$5 \times 19 =$
19	$4 \times 54 =$
20	$2 \times 93 =$

점수 ☐ 확인 ☐

제12회 제암산 **3교시**

제한시간 : 3분

5급

걸린시간 : _____ 분 _____ 초

1	$28 \div 4 =$
2	$14 \div 2 =$
3	$54 \div 9 =$
4	$14 \div 7 =$
5	$42 \div 6 =$
6	$12 \div 3 =$
7	$35 \div 5 =$
8	$81 \div 9 =$
9	$56 \div 8 =$
10	$12 \div 6 =$
11	$72 \div 4 =$
12	$28 \div 2 =$
13	$48 \div 3 =$
14	$60 \div 2 =$
15	$90 \div 9 =$
16	$72 \div 6 =$
17	$50 \div 5 =$
18	$98 \div 7 =$
19	$93 \div 3 =$
20	$80 \div 8 =$

점수

확인

걸린시간 : _____ 분 _____ 초

1	2	3	4	5
54	61	8	63	7
87	94	56	−8	−3
46	−1	13	27	58
−3	57	−4	59	−7
8	3	49	4	39
−7	−9	−6	−2	64

6	7	8	9	10
6	92	28	5	4
54	84	−4	−3	63
75	−2	6	52	54
−1	−8	52	−7	−6
40	35	71	38	30
−9	4	−6	46	−1

점수 ☐ 확인 ☐

5급

걸린시간 : _____ 분 _____ 초

1	18 × 8 =
2	63 × 2 =
3	54 × 4 =
4	76 × 6 =
5	47 × 5 =
6	31 × 7 =
7	85 × 3 =
8	94 × 1 =
9	52 × 9 =
10	49 × 7 =
11	4 × 27 =
12	3 × 42 =
13	5 × 99 =
14	9 × 65 =
15	7 × 71 =
16	6 × 58 =
17	2 × 16 =
18	8 × 84 =
19	3 × 37 =
20	5 × 63 =

점수

확인

걸린시간 : _____ 분 _____ 초

1	$49 \div 7 =$	
2	$36 \div 9 =$	
3	$48 \div 6 =$	
4	$12 \div 3 =$	
5	$28 \div 4 =$	
6	$56 \div 8 =$	
7	$25 \div 5 =$	
8	$16 \div 2 =$	
9	$21 \div 7 =$	
10	$32 \div 8 =$	
11	$38 \div 2 =$	
12	$90 \div 9 =$	
13	$66 \div 2 =$	
14	$63 \div 3 =$	
15	$88 \div 8 =$	
16	$91 \div 7 =$	
17	$96 \div 6 =$	
18	$95 \div 5 =$	
19	$75 \div 3 =$	
20	$68 \div 4 =$	

점수   확인

걸린시간 : _____ 분 _____ 초

1	2	3	4	5
27	62	4	6	41
39	59	49	−3	28
−2	4	−8	64	73
78	−1	93	57	−7
−6	38	−4	−9	2
9	−7	79	28	−4

6	7	8	9	10
53	8	7	69	5
32	−4	26	97	29
−1	49	34	−2	−8
47	28	−3	48	47
−6	83	59	−7	52
3	−9	−8	6	−1

점수 / 확인

걸린시간 : _____ 분 _____ 초

1	52 × 2 =
2	27 × 7 =
3	14 × 4 =
4	96 × 3 =
5	85 × 9 =
6	47 × 5 =
7	75 × 1 =
8	31 × 6 =
9	66 × 8 =
10	83 × 6 =
11	2 × 36 =
12	9 × 41 =
13	4 × 99 =
14	5 × 54 =
15	7 × 78 =
16	6 × 87 =
17	3 × 15 =
18	8 × 63 =
19	5 × 56 =
20	9 × 28 =

점수   확인

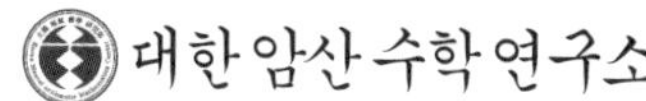

3교시

제한시간 : 3분

걸린시간 : _____ 분 _____ 초

1	15 ÷ 3 =
2	20 ÷ 5 =
3	16 ÷ 8 =
4	63 ÷ 9 =
5	35 ÷ 7 =
6	18 ÷ 2 =
7	24 ÷ 4 =
8	36 ÷ 6 =
9	18 ÷ 9 =
10	72 ÷ 8 =
11	96 ÷ 4 =
12	76 ÷ 2 =
13	96 ÷ 8 =
14	99 ÷ 9 =
15	84 ÷ 4 =
16	84 ÷ 6 =
17	91 ÷ 7 =
18	64 ÷ 2 =
19	81 ÷ 3 =
20	65 ÷ 5 =

점수		확인	

걸린시간 : _____ 분 _____ 초

1	2	3	4	5
8	81	9	34	23
47	94	63	21	−7
61	43	54	−1	59
−4	8	−3	57	−2
32	−2	21	3	68
−7	−9	−8	−6	4

6	7	8	9	10
2	7	56	5	68
34	−3	7	38	79
−4	36	91	62	−3
58	49	−9	−1	29
73	53	21	−8	−6
−8	−6	−2	49	2

점수 | 확인

제15회 승암산 **2교시**   제한시간 : 3분

걸린시간 : _____ 분 _____ 초

1	$84 \times 5 =$	
2	$26 \times 2 =$	
3	$48 \times 9 =$	
4	$61 \times 7 =$	
5	$59 \times 3 =$	
6	$74 \times 4 =$	
7	$93 \times 6 =$	
8	$38 \times 8 =$	
9	$17 \times 5 =$	
10	$65 \times 1 =$	
11	$5 \times 47 =$	
12	$0 \times 26 =$	
13	$4 \times 83 =$	
14	$6 \times 64 =$	
15	$7 \times 39 =$	
16	$1 \times 12 =$	
17	$9 \times 95 =$	
18	$8 \times 79 =$	
19	$3 \times 51 =$	
20	$2 \times 88 =$	

점수   확인

걸린시간 : _____ 분 _____ 초

1	$10 \div 2 =$	
2	$18 \div 6 =$	
3	$54 \div 9 =$	
4	$45 \div 5 =$	
5	$24 \div 3 =$	
6	$20 \div 4 =$	
7	$63 \div 7 =$	
8	$24 \div 8 =$	
9	$14 \div 7 =$	
10	$12 \div 2 =$	
11	$96 \div 8 =$	
12	$77 \div 7 =$	
13	$96 \div 2 =$	
14	$84 \div 3 =$	
15	$70 \div 5 =$	
16	$90 \div 9 =$	
17	$60 \div 6 =$	
18	$81 \div 3 =$	
19	$92 \div 4 =$	
20	$70 \div 2 =$	

점수　확인

1교시

제한시간 : 3분

5급

걸린시간 : _______ 분 _______ 초

1	2	3	4	5
36	81	34	5	9
64	14	−9	19	26
57	9	51	61	−4
−3	72	−2	−1	98
9	−4	98	48	45
−8	−6	4	−7	−9

6	7	8	9	10
72	7	8	53	46
89	56	−4	−6	98
−6	42	67	29	51
47	−1	58	−2	−1
4	−8	25	68	9
−3	27	−7	9	−7

점수		확인	

걸린시간 : _____ 분 _____ 초

1	36 × 6 =
2	52 × 8 =
3	74 × 1 =
4	66 × 9 =
5	47 × 4 =
6	19 × 7 =
7	95 × 3 =
8	83 × 5 =
9	51 × 2 =
10	78 × 6 =
11	3 × 56 =
12	7 × 22 =
13	4 × 48 =
14	6 × 73 =
15	5 × 17 =
16	9 × 95 =
17	8 × 39 =
18	2 × 84 =
19	7 × 62 =
20	3 × 46 =

점수		확인	

3교시

제한시간 : 3분

5급

걸린시간 : _____ 분 _____ 초

1	$40 \div 8 =$	
2	$12 \div 2 =$	
3	$72 \div 9 =$	
4	$54 \div 6 =$	
5	$36 \div 4 =$	
6	$56 \div 7 =$	
7	$35 \div 5 =$	
8	$21 \div 3 =$	
9	$27 \div 9 =$	
10	$10 \div 5 =$	
11	$55 \div 5 =$	
12	$68 \div 2 =$	
13	$90 \div 6 =$	
14	$48 \div 3 =$	
15	$99 \div 9 =$	
16	$80 \div 4 =$	
17	$66 \div 6 =$	
18	$91 \div 7 =$	
19	$58 \div 2 =$	
20	$96 \div 8 =$	

점수		확인	

걸린시간 : _____ 분 _____ 초

1	2	3	4	5
43	9	84	7	73
69	45	32	58	−7
−6	93	−3	−2	29
59	−4	71	69	41
−1	59	−9	92	−2
3	−7	1	−8	4

6	7	8	9	10
28	51	5	36	42
76	24	−3	85	94
63	−1	69	6	−2
9	39	43	−3	29
−4	−8	−9	49	−7
−6	7	78	−8	3

점수　　　확인

2교시

제한시간 : 3분

5급

걸린시간 : _____ 분 _____ 초

1	93 × 6 =
2	45 × 5 =
3	27 × 9 =
4	51 × 4 =
5	76 × 7 =
6	84 × 3 =
7	39 × 2 =
8	62 × 8 =
9	28 × 1 =
10	17 × 6 =
11	9 × 29 =
12	2 × 86 =
13	5 × 67 =
14	7 × 15 =
15	6 × 94 =
16	3 × 43 =
17	4 × 78 =
18	8 × 32 =
19	2 × 57 =
20	5 × 21 =

점수		확인	

3교시

제한시간 : 3분

걸린시간 : _____ 분 _____ 초

1	$14 \div 2 =$	
2	$64 \div 8 =$	
3	$15 \div 5 =$	
4	$24 \div 6 =$	
5	$27 \div 3 =$	
6	$45 \div 9 =$	
7	$16 \div 4 =$	
8	$28 \div 7 =$	
9	$45 \div 5 =$	
10	$18 \div 3 =$	
11	$48 \div 4 =$	
12	$95 \div 5 =$	
13	$72 \div 6 =$	
14	$82 \div 2 =$	
15	$69 \div 3 =$	
16	$52 \div 4 =$	
17	$91 \div 7 =$	
18	$80 \div 8 =$	
19	$99 \div 9 =$	
20	$42 \div 2 =$	

점수 ☐ 확인 ☐

제18회 **가감암산** **1교시** 제한시간 : 3분

5급

걸린시간 : _____ 분 _____ 초

1	2	3	4	5
25	91	8	43	7
49	46	56	−6	45
81	−3	62	39	−6
−4	87	−2	27	91
3	2	−7	2	−4
−9	−8	45	−1	73

6	7	8	9	10
6	62	39	5	74
−3	9	46	97	43
48	84	−2	42	−4
75	−1	51	−9	29
35	20	−8	−1	1
−6	−9	7	72	−7

점수 확인

걸린시간 : _____ 분 _____ 초

1	$79 \times 2 =$	
2	$15 \times 7 =$	
3	$64 \times 5 =$	
4	$53 \times 4 =$	
5	$81 \times 3 =$	
6	$48 \times 9 =$	
7	$37 \times 8 =$	
8	$95 \times 1 =$	
9	$56 \times 5 =$	
10	$42 \times 6 =$	
11	$6 \times 85 =$	
12	$4 \times 32 =$	
13	$2 \times 49 =$	
14	$8 \times 54 =$	
15	$7 \times 77 =$	
16	$6 \times 93 =$	
17	$9 \times 18 =$	
18	$3 \times 61 =$	
19	$4 \times 56 =$	
20	$5 \times 87 =$	

점수		확인	

제18회 제암산 **3교시** 제한시간 : 3분

5급

걸린시간 : _____ 분 _____ 초

1	$30 \div 6 =$	
2	$16 \div 2 =$	
3	$24 \div 8 =$	
4	$12 \div 4 =$	
5	$63 \div 7 =$	
6	$36 \div 9 =$	
7	$40 \div 5 =$	
8	$32 \div 4 =$	
9	$30 \div 5 =$	
10	$27 \div 3 =$	
11	$90 \div 9 =$	
12	$65 \div 5 =$	
13	$39 \div 3 =$	
14	$46 \div 2 =$	
15	$96 \div 6 =$	
16	$84 \div 7 =$	
17	$96 \div 3 =$	
18	$86 \div 2 =$	
19	$76 \div 4 =$	
20	$88 \div 8 =$	

점수 / 확인

걸린시간 : _____ 분 _____ 초

1	2	3	4	5
47	2	74	6	81
68	30	93	49	−6
−1	54	−4	−2	57
78	−3	41	37	34
−6	41	−8	64	−3
9	−7	6	−9	2

6	7	8	9	10
63	18	7	9	65
49	56	−4	36	57
32	−9	49	−1	34
3	82	32	57	−2
−4	−3	−7	73	7
−8	7	96	−8	−6

점수 | 확인

2교시

제한시간 : 3분

걸린시간 : _____ 분 _____ 초

1	$79 \times 4 =$	
2	$52 \times 2 =$	
3	$25 \times 8 =$	
4	$17 \times 9 =$	
5	$96 \times 5 =$	
6	$43 \times 3 =$	
7	$38 \times 7 =$	
8	$81 \times 1 =$	
9	$65 \times 6 =$	
10	$24 \times 8 =$	
11	$9 \times 25 =$	
12	$2 \times 77 =$	
13	$5 \times 36 =$	
14	$7 \times 49 =$	
15	$3 \times 18 =$	
16	$4 \times 53 =$	
17	$6 \times 92 =$	
18	$5 \times 61 =$	
19	$9 \times 85 =$	
20	$8 \times 34 =$	

점수

확인

걸린시간 : _____ 분 _____ 초

1	$14 \div 7 =$	
2	$42 \div 6 =$	
3	$72 \div 9 =$	
4	$15 \div 3 =$	
5	$15 \div 5 =$	
6	$72 \div 8 =$	
7	$24 \div 6 =$	
8	$10 \div 2 =$	
9	$48 \div 8 =$	
10	$24 \div 4 =$	
11	$38 \div 2 =$	
12	$70 \div 7 =$	
13	$99 \div 9 =$	
14	$51 \div 3 =$	
15	$90 \div 6 =$	
16	$75 \div 3 =$	
17	$96 \div 8 =$	
18	$68 \div 4 =$	
19	$90 \div 5 =$	
20	$84 \div 2 =$	

점수		확인	

제20회
가감암산 **1교시**   제한시간 : 3분

걸린시간 : _____ 분 _____ 초

1	2	3	4	5
37	81	48	4	3
89	43	-4	17	44
8	-7	-6	62	-4
-9	95	35	-6	38
52	4	79	58	93
-3	-2	4	-1	-8

6	7	8	9	10
52	7	86	5	8
29	36	79	-2	56
84	-7	48	61	92
-1	43	1	-8	-3
9	96	-9	59	19
-8	-3	-2	43	-7

점수　　　확인

걸린시간 : _____ 분 _____ 초

1	$57 \times 7 =$	
2	$43 \times 2 =$	
3	$75 \times 4 =$	
4	$34 \times 6 =$	
5	$19 \times 8 =$	
6	$96 \times 1 =$	
7	$68 \times 3 =$	
8	$81 \times 8 =$	
9	$32 \times 5 =$	
10	$54 \times 9 =$	
11	$9 \times 26 =$	
12	$4 \times 77 =$	
13	$2 \times 54 =$	
14	$6 \times 43 =$	
15	$7 \times 38 =$	
16	$5 \times 91 =$	
17	$3 \times 19 =$	
18	$8 \times 65 =$	
19	$6 \times 82 =$	
20	$2 \times 56 =$	

점수		확인	

제20회 제암산 **3교시** 수 제한시간 : 3분

걸린시간 : _____ 분 _____ 초

1	20 ÷ 4 =	
2	32 ÷ 8 =	
3	28 ÷ 7 =	
4	54 ÷ 6 =	
5	14 ÷ 2 =	
6	54 ÷ 9 =	
7	16 ÷ 8 =	
8	24 ÷ 3 =	
9	63 ÷ 7 =	
10	30 ÷ 5 =	
11	68 ÷ 4 =	
12	96 ÷ 8 =	
13	57 ÷ 3 =	
14	85 ÷ 5 =	
15	92 ÷ 2 =	
16	84 ÷ 6 =	
17	55 ÷ 5 =	
18	86 ÷ 2 =	
19	99 ÷ 9 =	
20	98 ÷ 7 =	

점수 / 확인

걸린시간 : _____ 분 _____ 초

1	2	3	4	5
37	61	4	34	7
5	94	59	41	−3
84	−1	24	59	58
−2	57	−3	−9	−6
48	3	67	−4	79
−7	−8	−6	3	68

6	7	8	9	10
72	7	78	43	6
23	98	49	−6	15
8	−4	56	38	84
−7	16	4	−2	−1
49	27	−3	59	49
−1	−8	−9	4	−6

점수   확인

제21회 승암산 **2교시**   제한시간 : 3분

걸린시간 : _____ 분 _____ 초

1	$47 \times 3 =$	
2	$85 \times 7 =$	
3	$59 \times 4 =$	
4	$94 \times 1 =$	
5	$12 \times 6 =$	
6	$33 \times 9 =$	
7	$78 \times 5 =$	
8	$51 \times 8 =$	
9	$26 \times 2 =$	
10	$69 \times 7 =$	
11	$4 \times 36 =$	
12	$2 \times 54 =$	
13	$9 \times 79 =$	
14	$5 \times 48 =$	
15	$7 \times 92 =$	
16	$3 \times 17 =$	
17	$6 \times 63 =$	
18	$8 \times 85 =$	
19	$4 \times 26 =$	
20	$6 \times 39 =$	

점수   확인

걸린시간 : ______ 분 ______ 초

1	$27 \div 9 =$	
2	$12 \div 3 =$	
3	$35 \div 7 =$	
4	$25 \div 5 =$	
5	$48 \div 6 =$	
6	$81 \div 9 =$	
7	$64 \div 8 =$	
8	$12 \div 2 =$	
9	$40 \div 5 =$	
10	$12 \div 4 =$	
11	$91 \div 7 =$	
12	$28 \div 2 =$	
13	$96 \div 4 =$	
14	$74 \div 2 =$	
15	$75 \div 3 =$	
16	$80 \div 5 =$	
17	$88 \div 8 =$	
18	$78 \div 6 =$	
19	$76 \div 4 =$	
20	$96 \div 3 =$	

점수   확인

제22회 가감암산 1교시

제한시간 : 3분

걸린시간 : _____ 분 _____ 초

1	2	3	4	5
42	9	94	47	23
34	25	41	78	-8
-3	54	-1	-2	92
78	-4	68	56	-4
-6	69	-7	5	79
9	-8	6	-9	3

6	7	8	9	10
78	21	5	6	82
17	37	-3	48	23
-1	48	87	34	-2
67	-2	93	-4	51
-6	-8	-7	60	-7
8	6	26	-9	6

점수		확인	

걸린시간 : ______ 분 ______ 초

1	19 × 5 =
2	94 × 4 =
3	45 × 9 =
4	67 × 7 =
5	53 × 6 =
6	78 × 2 =
7	31 × 8 =
8	26 × 1 =
9	85 × 3 =
10	62 × 6 =
11	2 × 29 =
12	9 × 94 =
13	4 × 45 =
14	5 × 33 =
15	7 × 57 =
16	3 × 72 =
17	6 × 85 =
18	8 × 68 =
19	3 × 11 =
20	4 × 46 =

점수　　　　확인

3교시

제한시간 : 3분

걸린시간 : _____ 분 _____ 초

1	$18 \div 2 =$	
2	$36 \div 6 =$	
3	$16 \div 4 =$	
4	$63 \div 9 =$	
5	$54 \div 6 =$	
6	$35 \div 5 =$	
7	$27 \div 3 =$	
8	$63 \div 7 =$	
9	$40 \div 8 =$	
10	$21 \div 7 =$	
11	$64 \div 4 =$	
12	$84 \div 7 =$	
13	$42 \div 3 =$	
14	$90 \div 6 =$	
15	$99 \div 9 =$	
16	$75 \div 5 =$	
17	$69 \div 3 =$	
18	$68 \div 2 =$	
19	$52 \div 4 =$	
20	$96 \div 8 =$	

점수　　　　확인

걸린시간 : _______ 분 _______ 초

1	2	3	4	5
54	31	8	3	47
7	24	− 4	49	89
94	− 1	78	54	58
− 2	67	− 6	− 3	− 9
61	2	59	21	− 2
− 9	− 8	42	− 7	3

6	7	8	9	10
46	92	7	15	4
17	34	− 4	69	53
− 8	51	54	− 7	67
39	− 3	87	76	− 8
3	7	− 9	2	89
− 4	− 6	68	− 1	− 2

점수 □ 확인 □

제23회
승암산 **2교시**   제한시간 : 3분

걸린시간 : _____ 분 _____ 초

1	45 × 2 =	
2	99 × 8 =	
3	67 × 7 =	
4	24 × 3 =	
5	18 × 4 =	
6	83 × 9 =	
7	76 × 6 =	
8	31 × 1 =	
9	59 × 5 =	
10	62 × 8 =	
11	4 × 39 =	
12	2 × 42 =	
13	8 × 94 =	
14	7 × 53 =	
15	3 × 78 =	
16	9 × 67 =	
17	6 × 16 =	
18	4 × 85 =	
19	5 × 27 =	
20	3 × 71 =	

점수   확인

걸린시간 : _____ 분 _____ 초

1	$45 \div 9 =$
2	$49 \div 7 =$
3	$30 \div 6 =$
4	$18 \div 3 =$
5	$56 \div 8 =$
6	$28 \div 4 =$
7	$12 \div 6 =$
8	$16 \div 2 =$
9	$18 \div 9 =$
10	$10 \div 5 =$
11	$96 \div 8 =$
12	$38 \div 2 =$
13	$39 \div 3 =$
14	$91 \div 7 =$
15	$72 \div 6 =$
16	$87 \div 3 =$
17	$48 \div 4 =$
18	$84 \div 2 =$
19	$65 \div 5 =$
20	$90 \div 9 =$

점수 확인

걸린시간 : _____ 분 _____ 초

1	2	3	4	5
9	42	64	6	7
46	17	82	− 4	59
− 1	95	− 2	37	46
18	− 9	68	41	− 6
− 6	− 3	2	− 7	29
79	8	− 8	58	− 2

6	7	8	9	10
43	8	7	29	75
69	97	− 4	36	92
54	− 1	58	49	− 3
− 3	87	43	− 8	28
9	− 6	− 9	− 2	− 7
− 7	18	37	1	9

점수 　　확인

걸린시간 : _____ 분 _____ 초

1	$35 \times 5 =$	
2	$57 \times 9 =$	
3	$64 \times 4 =$	
4	$71 \times 3 =$	
5	$98 \times 6 =$	
6	$16 \times 7 =$	
7	$23 \times 1 =$	
8	$89 \times 8 =$	
9	$45 \times 2 =$	
10	$32 \times 4 =$	
11	$2 \times 18 =$	
12	$9 \times 62 =$	
13	$5 \times 43 =$	
14	$4 \times 97 =$	
15	$6 \times 85 =$	
16	$7 \times 24 =$	
17	$3 \times 36 =$	
18	$8 \times 79 =$	
19	$5 \times 51 =$	
20	$9 \times 68 =$	

점수 　　　 확인

걸린시간 : _____ 분 _____ 초

1	16 ÷ 2 =	
2	36 ÷ 4 =	
3	24 ÷ 3 =	
4	42 ÷ 7 =	
5	32 ÷ 8 =	
6	63 ÷ 9 =	
7	30 ÷ 5 =	
8	18 ÷ 6 =	
9	14 ÷ 7 =	
10	45 ÷ 5 =	
11	98 ÷ 7 =	
12	60 ÷ 4 =	
13	93 ÷ 3 =	
14	48 ÷ 2 =	
15	92 ÷ 4 =	
16	60 ÷ 5 =	
17	52 ÷ 2 =	
18	99 ÷ 9 =	
19	78 ÷ 6 =	
20	80 ÷ 8 =	

점수 □ 확인 □

제한시간 : 3분

걸린시간 : _____ 분 _____ 초

1	2	3	4	5
8	61	9	96	3
47	25	32	−3	71
36	−4	74	69	−9
−6	9	−1	−6	52
91	83	58	48	−3
−3	−8	−7	9	38

6	7	8	9	10
72	7	36	5	8
19	64	27	−2	46
7	−6	59	48	91
45	89	−7	63	−2
−7	31	3	−9	61
−3	−1	−4	73	−8

점수		확인	

걸린시간 : _____ 분 _____ 초

1	$59 \times 6 =$	
2	$42 \times 4 =$	
3	$24 \times 8 =$	
4	$98 \times 2 =$	
5	$73 \times 7 =$	
6	$37 \times 3 =$	
7	$81 \times 9 =$	
8	$16 \times 1 =$	
9	$65 \times 5 =$	
10	$49 \times 6 =$	
11	$4 \times 92 =$	
12	$9 \times 47 =$	
13	$5 \times 24 =$	
14	$7 \times 86 =$	
15	$3 \times 35 =$	
16	$2 \times 78 =$	
17	$6 \times 51 =$	
18	$8 \times 63 =$	
19	$5 \times 19 =$	
20	$4 \times 34 =$	

점수   확인

걸린시간 : _____ 분 _____ 초

1	15 ÷ 3 =
2	35 ÷ 7 =
3	14 ÷ 2 =
4	48 ÷ 8 =
5	40 ÷ 5 =
6	48 ÷ 6 =
7	64 ÷ 8 =
8	36 ÷ 4 =
9	24 ÷ 6 =
10	81 ÷ 9 =
11	48 ÷ 4 =
12	34 ÷ 2 =
13	84 ÷ 7 =
14	65 ÷ 5 =
15	96 ÷ 8 =
16	26 ÷ 2 =
17	48 ÷ 3 =
18	84 ÷ 4 =
19	96 ÷ 3 =
20	90 ÷ 9 =

점수 [ ] 확인 [ ]

정답

제1회

2쪽_ 1교시

① 163　② 136　③ 126　④ 189　⑤ 195
⑥ 168　⑦ 156　⑧ 143　⑨ 175　⑩ 207

3쪽_ 2교시

① 162　② 532　③ 325　④ 64　⑤ 438
⑥ 344　⑦ 147　⑧ 261　⑨ 65　⑩ 192
⑪ 558　⑫ 252　⑬ 126　⑭ 756　⑮ 306
⑯ 180　⑰ 464　⑱ 423　⑲ 56　⑳ 108

4쪽_ 3교시

① 7　② 6　③ 6　④ 5　⑤ 3　⑥ 4　⑦ 4
⑧ 2　⑨ 2　⑩ 8　⑪ 47　⑫ 12　⑬ 36　⑭ 14
⑮ 12　⑯ 11　⑰ 24　⑱ 23　⑲ 13　⑳ 12

제2회

5쪽_ 1교시

① 191　② 205　③ 215　④ 145　⑤ 174
⑥ 171　⑦ 145　⑧ 203　⑨ 140　⑩ 155

6쪽_ 2교시

① 66　② 408　③ 570　④ 84　⑤ 434
⑥ 368　⑦ 86　⑧ 69　⑨ 225　⑩ 488
⑪ 465　⑫ 201　⑬ 192　⑭ 486　⑮ 192
⑯ 483　⑰ 455　⑱ 423　⑲ 252　⑳ 348

7쪽_ 3교시

① 5　② 5　③ 9　④ 9　⑤ 6　⑥ 7　⑦ 6
⑧ 7　⑨ 3　⑩ 8　⑪ 11　⑫ 21　⑬ 23　⑭ 10
⑮ 11　⑯ 14　⑰ 22　⑱ 12　⑲ 11　⑳ 43

제3회

8쪽_ 1교시

① 165　② 174　③ 191　④ 191　⑤ 155
⑥ 165　⑦ 156　⑧ 112　⑨ 169　⑩ 135

9쪽_ 2교시

① 657　② 48　③ 224　④ 68　⑤ 280
⑥ 188　⑦ 116　⑧ 208　⑨ 267　⑩ 238
⑪ 134　⑫ 488　⑬ 249　⑭ 315　⑮ 450
⑯ 145　⑰ 224　⑱ 72　⑲ 639　⑳ 43

10쪽_ 3교시

① 8　② 4　③ 9　④ 3　⑤ 8　⑥ 9　⑦ 6
⑧ 9　⑨ 3　⑩ 6　⑪ 12　⑫ 16　⑬ 34　⑭ 25
⑮ 15　⑯ 14　⑰ 11　⑱ 16　⑲ 12　⑳ 10

제4회

11쪽_ 1교시

① 163　② 194　③ 132　④ 135　⑤ 155
⑥ 173　⑦ 145　⑧ 203　⑨ 185　⑩ 166

12쪽_ 2교시

① 51　② 102　③ 273　④ 192　⑤ 438
⑥ 196　⑦ 95　⑧ 336　⑨ 496　⑩ 513
⑪ 315　⑫ 774　⑬ 172　⑭ 177　⑮ 256
⑯ 148　⑰ 475　⑱ 322　⑲ 75　⑳ 522

13쪽_ 3교시

① 6　② 7　③ 6　④ 7　⑤ 4　⑥ 3　⑦ 5
⑧ 5　⑨ 8　⑩ 9　⑪ 13　⑫ 12　⑬ 10　⑭ 17
⑮ 28　⑯ 10　⑰ 13　⑱ 17　⑲ 12　⑳ 11

제5회

14쪽_ 1교시

① 124　② 182　③ 157　④ 202　⑤ 135
⑥ 132　⑦ 173　⑧ 146　⑨ 205　⑩ 135

15쪽_ 2교시

① 372　② 152　③ 176　④ 117　⑤ 475
⑥ 261　⑦ 112　⑧ 215　⑨ 497　⑩ 144
⑪ 96　⑫ 441　⑬ 26　⑭ 444　⑮ 828
⑯ 268　⑰ 208　⑱ 160　⑲ 294　⑳ 162

16쪽_ 3교시

① 7　② 5　③ 3　④ 5　⑤ 9　⑥ 4　⑦ 4
⑧ 5　⑨ 2　⑩ 8　⑪ 18　⑫ 12　⑬ 11　⑭ 10
⑮ 12　⑯ 14　⑰ 11　⑱ 10　⑲ 15　⑳ 11

제6회

17쪽_ 1교시

① 175　② 134　③ 156　④ 164　⑤ 129
⑥ 161　⑦ 177　⑧ 196　⑨ 165　⑩ 141

18쪽_ 2교시

① 603　② 92　③ 170　④ 308　⑤ 234
⑥ 91　⑦ 120　⑧ 168　⑨ 296　⑩ 310
⑪ 315　⑫ 56　⑬ 336　⑭ 365　⑮ 192
⑯ 552　⑰ 22　⑱ 291　⑲ 280　⑳ 432

19쪽_ 3교시

① 7　② 9　③ 6　④ 6　⑤ 2　⑥ 7　⑦ 6
⑧ 2　⑨ 8　⑩ 4　⑪ 14　⑫ 14　⑬ 16　⑭ 19
⑮ 12　⑯ 15　⑰ 24　⑱ 21　⑲ 11　⑳ 10

제7회

20쪽_ 1교시

① 142　② 190　③ 204　④ 131　⑤ 158
⑥ 187　⑦ 125　⑧ 202　⑨ 146　⑩ 135

21쪽_ 2교시

① 185　② 62　③ 189　④ 144　⑤ 336
⑥ 91　⑦ 594　⑧ 608　⑨ 106　⑩ 0
⑪ 222　⑫ 340　⑬ 138　⑭ 651　⑮ 260
⑯ 702　⑰ 56　⑱ 414　⑲ 208　⑳ 190

22쪽_ 3교시

① 9　② 2　③ 6　④ 9　⑤ 5　⑥ 5　⑦ 8
⑧ 3　⑨ 3　⑩ 8　⑪ 17　⑫ 18　⑬ 13　⑭ 10
⑮ 21　⑯ 16　⑰ 10　⑱ 12　⑲ 11　⑳ 13

제8회

23쪽_ 1교시

① 155　② 205　③ 156　④ 121　⑤ 155
⑥ 168　⑦ 155　⑧ 113　⑨ 183　⑩ 186

24쪽_ 2교시

① 126　② 170　③ 261　④ 372　⑤ 399
⑥ 450　⑦ 90　⑧ 688　⑨ 64　⑩ 162
⑪ 180　⑫ 574　⑬ 120　⑭ 189　⑮ 459
⑯ 474　⑰ 776　⑱ 32　⑲ 190　⑳ 207

25쪽_ 3교시

① 7　② 8　③ 7　④ 7　⑤ 9　⑥ 8　⑦ 9
⑧ 6　⑨ 4　⑩ 6　⑪ 24　⑫ 16　⑬ 41　⑭ 11
⑮ 19　⑯ 12　⑰ 23　⑱ 10　⑲ 10　⑳ 23

제9회

26쪽_ 1교시

① 152　② 186　③ 155　④ 194　⑤ 131
⑥ 122　⑦ 205　⑧ 157　⑨ 166　⑩ 135

27쪽 _ 2교시
① 310　② 88　③ 116　④ 255　⑤ 837
⑥ 497　⑦ 336　⑧ 136　⑨ 38　⑩ 576
⑪ 135　⑫ 246　⑬ 675　⑭ 376　⑮ 343
⑯ 390　⑰ 152　⑱ 424　⑲ 42　⑳ 48

28쪽 _ 3교시
① 3　② 8　③ 4　④ 3　⑤ 8　⑥ 5　⑦ 6
⑧ 4　⑨ 9　⑩ 9　⑪ 16　⑫ 23　⑬ 18　⑭ 10
⑮ 12　⑯ 12　⑰ 11　⑱ 42　⑲ 11　⑳ 22

제10회

29쪽 _ 1교시
① 156　② 114　③ 202　④ 146　⑤ 165
⑥ 145　⑦ 195　⑧ 112　⑨ 142　⑩ 145

30쪽 _ 2교시
① 141　② 65　③ 336　④ 468　⑤ 228
⑥ 91　⑦ 608　⑧ 483　⑨ 120　⑩ 116
⑪ 574　⑫ 94　⑬ 120　⑭ 768　⑮ 260
⑯ 177　⑰ 666　⑱ 78　⑲ 217　⑳ 340

31쪽 _ 3교시
① 9　② 5　③ 8　④ 8　⑤ 4　⑥ 4　⑦ 2
⑧ 4　⑨ 7　⑩ 8　⑪ 10　⑫ 24　⑬ 11　⑭ 14
⑮ 20　⑯ 14　⑰ 34　⑱ 14　⑲ 13　⑳ 10

제11회

32쪽 _ 1교시
① 165　② 176　③ 170　④ 135　⑤ 157
⑥ 145　⑦ 201　⑧ 106　⑨ 155　⑩ 136

33쪽 _ 2교시
① 372　② 148　③ 232　④ 665　⑤ 51
⑥ 204　⑦ 324　⑧ 225　⑨ 83　⑩ 544
⑪ 81　⑫ 752　⑬ 180　⑭ 621　⑮ 432
⑯ 265　⑰ 588　⑱ 76　⑲ 80　⑳ 195

34쪽 _ 3교시
① 6　② 5　③ 5　④ 5　⑤ 9　⑥ 5　⑦ 6
⑧ 3　⑨ 9　⑩ 2　⑪ 13　⑫ 12　⑬ 31　⑭ 12
⑮ 10　⑯ 24　⑰ 14　⑱ 48　⑲ 12　⑳ 11

제12회

35쪽 _ 1교시
① 111　② 223　③ 158　④ 115　⑤ 134
⑥ 164　⑦ 112　⑧ 181　⑨ 156　⑩ 165

36쪽 _ 2교시
① 185　② 166　③ 405　④ 276　⑤ 282
⑥ 497　⑦ 96　⑧ 58　⑨ 200　⑩ 186
⑪ 522　⑫ 64　⑬ 296　⑭ 768　⑮ 282
⑯ 455　⑰ 258　⑱ 95　⑲ 216　⑳ 186

37쪽 _ 3교시
① 7　② 7　③ 6　④ 2　⑤ 7　⑥ 4　⑦ 7
⑧ 9　⑨ 7　⑩ 2　⑪ 18　⑫ 14　⑬ 16　⑭ 30
⑮ 10　⑯ 12　⑰ 10　⑱ 14　⑲ 31　⑳ 10

제13회

38쪽 _ 1교시
① 185　② 205　③ 116　④ 143　⑤ 158
⑥ 165　⑦ 205　⑧ 147　⑨ 131　⑩ 144

39쪽 _ 2교시
① 144　② 126　③ 216　④ 456　⑤ 235
⑥ 217　⑦ 255　⑧ 94　⑨ 468　⑩ 343

⑪ 108　⑫ 126　⑬ 495　⑭ 585　⑮ 497
⑯ 348　⑰ 32　⑱ 672　⑲ 111　⑳ 315

40쪽 _ 3교시
① 7　② 4　③ 8　④ 4　⑤ 7　⑥ 7　⑦ 5
⑧ 8　⑨ 3　⑩ 4　⑪ 19　⑫ 10　⑬ 33　⑭ 21
⑮ 11　⑯ 13　⑰ 16　⑱ 19　⑲ 25　⑳ 17

제14회

41쪽 _ 1교시
① 145　② 155　③ 213　④ 143　⑤ 133
⑥ 128　⑦ 155　⑧ 115　⑨ 211　⑩ 124

42쪽 _ 2교시
① 104　② 189　③ 56　④ 288　⑤ 765
⑥ 235　⑦ 75　⑧ 186　⑨ 528　⑩ 498
⑪ 72　⑫ 369　⑬ 396　⑭ 270　⑮ 546
⑯ 522　⑰ 45　⑱ 504　⑲ 280　⑳ 252

43쪽 _ 3교시
① 5　② 4　③ 2　④ 7　⑤ 5　⑥ 9　⑦ 6
⑧ 6　⑨ 2　⑩ 9　⑪ 24　⑫ 38　⑬ 12　⑭ 11
⑮ 21　⑯ 14　⑰ 13　⑱ 32　⑲ 27　⑳ 13

제15회

44쪽 _ 1교시
① 137　② 215　③ 136　④ 108　⑤ 145
⑥ 155　⑦ 136　⑧ 164　⑨ 145　⑩ 169

45쪽 _ 2교시
① 420　② 52　③ 432　④ 427　⑤ 177
⑥ 296　⑦ 558　⑧ 304　⑨ 85　⑩ 65
⑪ 235　⑫ 0　⑬ 332　⑭ 384　⑮ 273
⑯ 12　⑰ 855　⑱ 632　⑲ 153　⑳ 176

46쪽 _ 3교시
① 5　② 3　③ 6　④ 9　⑤ 8　⑥ 5　⑦ 9
⑧ 3　⑨ 2　⑩ 6　⑪ 12　⑫ 11　⑬ 48　⑭ 28
⑮ 14　⑯ 10　⑰ 10　⑱ 27　⑲ 23　⑳ 35

제16회

47쪽 _ 1교시
① 155　② 166　③ 176　④ 125　⑤ 165
⑥ 203　⑦ 123　⑧ 147　⑨ 151　⑩ 196

48쪽 _ 2교시
① 216　② 416　③ 74　④ 594　⑤ 188
⑥ 133　⑦ 285　⑧ 415　⑨ 102　⑩ 468
⑪ 168　⑫ 154　⑬ 192　⑭ 438　⑮ 85
⑯ 855　⑰ 312　⑱ 168　⑲ 434　⑳ 138

49쪽 _ 3교시
① 5　② 6　③ 8　④ 9　⑤ 9　⑥ 8　⑦ 7
⑧ 7　⑨ 3　⑩ 2　⑪ 11　⑫ 34　⑬ 15　⑭ 16
⑮ 11　⑯ 20　⑰ 11　⑱ 13　⑲ 29　⑳ 12

제17회

50쪽 _ 1교시
① 167　② 195　③ 176　④ 216　⑤ 138
⑥ 166　⑦ 112　⑧ 183　⑨ 165　⑩ 159

51쪽 _ 2교시
① 558　② 225　③ 243　④ 204　⑤ 532
⑥ 252　⑦ 78　⑧ 496　⑨ 28　⑩ 102
⑪ 261　⑫ 172　⑬ 335　⑭ 105　⑮ 564
⑯ 129　⑰ 312　⑱ 256　⑲ 114　⑳ 105

52쪽_ 3교시

① 7　② 8　③ 3　④ 4　⑤ 9　⑥ 5　⑦ 4
⑧ 4　⑨ 9　⑩ 6　⑪ 12　⑫ 19　⑬ 12　⑭ 41
⑮ 23　⑯ 13　⑰ 13　⑱ 10　⑲ 11　⑳ 21

제18회

53쪽_ 1교시

① 145　② 215　③ 162　④ 104　⑤ 206
⑥ 155　⑦ 165　⑧ 133　⑨ 206　⑩ 136

54쪽_ 2교시

① 158　② 105　③ 320　④ 212　⑤ 243
⑥ 432　⑦ 296　⑧ 95　⑨ 280　⑩ 252
⑪ 510　⑫ 128　⑬ 98　⑭ 432　⑮ 539
⑯ 558　⑰ 162　⑱ 183　⑲ 224　⑳ 435

55쪽_ 3교시

① 5　② 8　③ 3　④ 3　⑤ 9　⑥ 4　⑦ 8
⑧ 8　⑨ 6　⑩ 9　⑪ 10　⑫ 13　⑬ 13　⑭ 23
⑮ 16　⑯ 12　⑰ 32　⑱ 43　⑲ 19　⑳ 11

제19회

56쪽_ 1교시

① 195　② 117　③ 202　④ 145　⑤ 165
⑥ 135　⑦ 151　⑧ 173　⑨ 166　⑩ 155

57쪽_ 2교시

① 316　② 104　③ 200　④ 153　⑤ 480
⑥ 129　⑦ 266　⑧ 81　⑨ 390　⑩ 192
⑪ 225　⑫ 154　⑬ 180　⑭ 343　⑮ 54
⑯ 212　⑰ 552　⑱ 305　⑲ 765　⑳ 272

58쪽_ 3교시

① 2　② 7　③ 8　④ 5　⑤ 3　⑥ 9　⑦ 4
⑧ 5　⑨ 6　⑩ 6　⑪ 19　⑫ 10　⑬ 11　⑭ 17
⑮ 15　⑯ 25　⑰ 12　⑱ 17　⑲ 18　⑳ 42

제20회

59쪽_ 1교시

① 174　② 214　③ 156　④ 134　⑤ 166
⑥ 165　⑦ 172　⑧ 203　⑨ 158　⑩ 165

60쪽_ 2교시

① 399　② 86　③ 300　④ 204　⑤ 152
⑥ 96　⑦ 204　⑧ 648　⑨ 160　⑩ 486
⑪ 234　⑫ 308　⑬ 108　⑭ 258　⑮ 266
⑯ 455　⑰ 57　⑱ 520　⑲ 492　⑳ 112

61쪽_ 3교시

① 5　② 4　③ 4　④ 9　⑤ 7　⑥ 6　⑦ 2
⑧ 8　⑨ 9　⑩ 6　⑪ 17　⑫ 12　⑬ 19　⑭ 17
⑮ 46　⑯ 14　⑰ 11　⑱ 43　⑲ 11　⑳ 14

제21회

62쪽_ 1교시

① 165　② 206　③ 145　④ 124　⑤ 203
⑥ 144　⑦ 136　⑧ 175　⑨ 136　⑩ 147

63쪽_ 2교시

① 141　② 595　③ 236　④ 94　⑤ 72
⑥ 297　⑦ 390　⑧ 408　⑨ 52　⑩ 483
⑪ 144　⑫ 108　⑬ 711　⑭ 240　⑮ 644
⑯ 51　⑰ 378　⑱ 680　⑲ 104　⑳ 234

64쪽_ 3교시

① 3　② 4　③ 5　④ 5　⑤ 8　⑥ 9　⑦ 8

⑧ 6　⑨ 8　⑩ 3　⑪ 13　⑫ 14　⑬ 24　⑭ 37
⑮ 25　⑯ 16　⑰ 11　⑱ 13　⑲ 19　⑳ 32

제22회

65쪽_ 1교시

① 154　② 145　③ 201　④ 175　⑤ 185
⑥ 163　⑦ 102　⑧ 201　⑨ 135　⑩ 153

66쪽_ 2교시

① 95　② 376　③ 405　④ 469　⑤ 318
⑥ 156　⑦ 248　⑧ 26　⑨ 255　⑩ 372
⑪ 58　⑫ 846　⑬ 180　⑭ 165　⑮ 399
⑯ 216　⑰ 510　⑱ 544　⑲ 33　⑳ 184

67쪽_ 3교시

① 9　② 6　③ 4　④ 7　⑤ 9　⑥ 7　⑦ 9
⑧ 9　⑨ 5　⑩ 3　⑪ 16　⑫ 12　⑬ 14　⑭ 15
⑮ 11　⑯ 15　⑰ 23　⑱ 34　⑲ 13　⑳ 12

제23회

68쪽_ 1교시

① 205　② 115　③ 177　④ 117　⑤ 186
⑥ 93　⑦ 175　⑧ 203　⑨ 154　⑩ 203

69쪽_ 2교시

① 90　② 792　③ 469　④ 72　⑤ 72
⑥ 747　⑦ 456　⑧ 31　⑨ 295　⑩ 496
⑪ 156　⑫ 84　⑬ 752　⑭ 371　⑮ 234
⑯ 603　⑰ 96　⑱ 340　⑲ 135　⑳ 213

70쪽_ 3교시

① 5　② 7　③ 5　④ 6　⑤ 7　⑥ 7　⑦ 2
⑧ 8　⑨ 2　⑩ 2　⑪ 12　⑫ 19　⑬ 13　⑭ 13
⑮ 12　⑯ 29　⑰ 12　⑱ 42　⑲ 13　⑳ 10

제24회

71쪽_ 1교시

① 145　② 150　③ 206　④ 131　⑤ 133
⑥ 165　⑦ 203　⑧ 132　⑨ 105　⑩ 194

72쪽_ 2교시

① 175　② 513　③ 256　④ 213　⑤ 588
⑥ 112　⑦ 23　⑧ 712　⑨ 90　⑩ 128
⑪ 36　⑫ 558　⑬ 215　⑭ 388　⑮ 510
⑯ 168　⑰ 108　⑱ 632　⑲ 255　⑳ 612

73쪽_ 3교시

① 8　② 9　③ 8　④ 6　⑤ 4　⑥ 7　⑦ 6
⑧ 3　⑨ 2　⑩ 9　⑪ 14　⑫ 15　⑬ 31　⑭ 24
⑮ 23　⑯ 12　⑰ 26　⑱ 11　⑲ 13　⑳ 10

제25회

74쪽_ 1교시

① 173　② 166　③ 165　④ 213　⑤ 152
⑥ 133　⑦ 184　⑧ 114　⑨ 178　⑩ 196

75쪽_ 2교시

① 354　② 168　③ 192　④ 196　⑤ 511
⑥ 111　⑦ 729　⑧ 16　⑨ 325　⑩ 294
⑪ 368　⑫ 423　⑬ 120　⑭ 602　⑮ 105
⑯ 156　⑰ 306　⑱ 504　⑲ 95　⑳ 136

76쪽_ 3교시

① 5　② 5　③ 7　④ 6　⑤ 8　⑥ 8　⑦ 8
⑧ 9　⑨ 4　⑩ 9　⑪ 12　⑫ 17　⑬ 12　⑭ 13
⑮ 12　⑯ 13　⑰ 16　⑱ 21　⑲ 32　⑳ 10